U0169090

优秀技术工人
百工百法丛书

李凯军
工作法

压铸模具
制造

中华全国总工会 组织编写

李凯军 著

中国工人出版社

匠心筑梦 技能报国

技术工人队伍是支撑中国制造、中国创造的重要力量。我国工人阶级和广大劳动群众要大力弘扬劳模精神、劳动精神、工匠精神，适应当今世界科技革命和产业变革的需要，勤学苦练、深入钻研，勇于创新、敢为人先，不断提高技术技能水平，为推动高质量发展、实施制造强国战略、全面建设社会主义现代化国家贡献智慧和力量。

——习近平致首届大国工匠创新交流大会的贺信

序

　　党的二十大擘画了全面建设社会主义现代化国家、全面推进中华民族伟大复兴的宏伟蓝图。要把宏伟蓝图变成美好现实，根本上要靠包括工人阶级在内的全体人民的劳动、创造、奉献，高质量发展更离不开一支高素质的技术工人队伍。

　　党中央高度重视弘扬工匠精神和培养大国工匠。习近平总书记专门致信祝贺首届大国工匠创新交流大会，特别强调"技术工人队伍是支撑中国制造、中国创造的重要力量"，要求工人阶级和广大劳动群众要"适应当今世界科技革命和产业变革的需要，勤学苦练、深入钻研，勇于创新、敢为人先，不断提高技术技能水平"。这些亲切关怀和殷殷厚望，激励鼓舞着亿万职工群众弘扬劳模精神、劳动精神、工匠精神，奋进新征程、建功新时代。

近年来，全国各级工会认真学习贯彻习近平总书记关于工人阶级和工会工作的重要论述，特别是关于产业工人队伍建设改革的重要指示和致首届大国工匠创新交流大会贺信的精神，进一步加大工匠技能人才的培养选树力度，叫响做实大国工匠品牌，不断提高广大职工的技术技能水平。以大国工匠为代表的一大批杰出技术工人，聚焦重大战略、重大工程、重大项目、重点产业，通过生产实践和技术创新活动，总结出先进的技能技法，产生了巨大的经济效益和社会效益。

深化群众性技术创新活动，开展先进操作法总结、命名和推广，是《新时期产业工人队伍建设改革方案》的主要举措之一。落实全国总工会党组书记处的指示和要求，中国工人出版社和各全国产业工会、地方工会合作，精心推出"优秀技术工人百工百法丛书"，在全国范围内总结 100 种以工匠命名的解决生产一线现场问题的先进工作法，同时运用现代信息技术手段，同步生产视频课程、线上题库、工匠专区、元宇宙工匠创新工作室等数字知识产品。这是尊重技术工人首创精神的重要体现，是工会提高职工技能素质和创新能力的有力做法，必将带动各级工会先进操作法总结、命名和推广工作形成热潮。

此次入选"优秀技术工人百工百法丛书"作者群体的工匠人才，都是全国各行各业的杰出技术工人代表。他们总结自己的技能、技法和创新方法，著书立说、宣传推广，能让更多人看到技术工人创造的经济社会价值，带动更多产业工人积极提高自身技术技能水平，更好地助力高质量发展。中小微企业对工匠人才的孵化培育能力要弱于大型企业，对技术技能的渴求更为迫切。优秀技术工人工作法的出版，以及相关数字衍生知识服务产品的推广，将为中小微企业的技术进步与快速发展起到推动作用。

当前，产业转型正日趋加快，广大职工对于技能水平提升的需求日益迫切。为职工群众创造更多学习最新技术技能的机会和条件，传播普及高效解决生产一线现场问题的工法、技法和创新方法，充分发挥工匠人才的"传帮带"作用，工会组织责无旁贷。希望各地工会能够总结命名推广更多大国工匠和优秀技术工人的先进工作法，培养更多适应经济结构优化和产业转型升级需求的高技能人才，为加快建设一支知识型、技术型、创新型劳动者大军发挥重要作用。

中华全国总工会兼职副主席、大国工匠

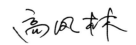

作者简介
About The Author

李凯军

　　1970年出生，中国第一汽车集团有限公司一汽铸造有限公司首席技能大师，模具钳工，高级技师，正高级工程师，吉林省首位工人高级专家。

　　曾获"全国劳动模范""2019年大国工匠年度人物""全国五一劳动奖章""中华技能大奖""全国高技能人才十大楷模"等荣誉和称号，享受国务院政府特殊津贴。

近年来，他带领团队共加工完成国内外各种复杂模具 1200 余套，总产值 8.1 亿元，改进项目 600 余项，节约成本及创造价值 3000 余万元，其创新成果在生产实践中发挥了巨大作用，填补了我国模具制造技术领域的多项空白，并开了我国一次性出口近千万元压铸模具的先河，承担了几十套关键自主模具的钳工制造任务，为一汽自主汽车品牌的快速发展和品牌建设提供了核心模具支撑。他屡次在国内外技能大赛上摘金夺银，多次担任全国技能大赛钳工赛项裁判长。由他代培的徒弟已有 130 余人，其中多人在全国技能大赛上夺得全国钳工桂冠。以其名字命名的创新工作室被中华全国总工会授予"全国示范性劳模和工匠人才创新工作室"，同时他受邀赴全国各地进行技术、创新、管理、育人等方面的讲座，受众群体达20 余万人。

万丈高楼的筑成，依靠的是一砖一瓦的堆建

骄人业绩的取得，源于日常一点一滴的积累

李凯军

目　录
Contents

引　　言
Introduction

　　当前，随着我国制造业的飞速发展，被誉为"工业之母"的模具被广泛应用于建筑、交通、汽车、能源、电子等领域。模具是通过对原材料进行加工打造而成的有完整成型结构和精确尺寸的加工工具，在高效、大批量生产工业产品零部件中发挥着不可替代的作用。根据加工成型方法的不同，可将模具分为冲压模具、压铸模具、锻造模具、铸造模具、挤压模具、注塑模具、发泡模具等种类。

　　在技术发展和市场需求的变化过程中，一些生产效率低、产品精度差、质量不稳定的模具类型逐渐被一些生产效率高、生产过程稳定、铸件外观质量好、铸件尺寸精准的模具类型所替代。例如，在汽车行业及相关领域，轻量化、低成本是各大企业追求的目标，由此，黑色金属铸造的市场份额正在逐步被有色金属铸造所挤占。

有色金属铸造出来的铸件的多项指标都要优于黑色金属铸造出来的铸件，但铸造有色金属的压铸模具的制造难度也更高。特别是当前，随着制造业需求的不断变化，压铸模具更新迭代的速度也在不断加快。产品类型从几十年前的简易管类、支架类，到现在的各类缸体、各类大型结构件，模具的重量也从原来的几吨到现在的几百吨，模具的制造难度可想而知。

本书主要阐述了压铸模具在制造过程中易出现的技术问题，以及在解决这些问题时采用的一系列创新方法，供同行参考。

第一讲

压铸模具的结构及工作原理

一、压铸模具的结构

压铸模具是铸造金属零部件的一种工具，是一种在专用的压铸模锻机上完成压铸工艺的工具。压铸模具通常包括以下几个部分。

1. 成型零件

在静模与动模合拢后，形成一个构成铸件形状的空腔，其被称为型腔。根据压铸件结构的不同，型腔可以全部设在静模或动模内，也可以在静模和动模内各占一部分。构成型腔的零件即为成型零件。成型零件包括固定和活动的镶块与型芯。此外，浇注系统和排溢系统也是型腔的一部分。

2. 模架部分

模架部分包括各种模板、座、架等构架零件。其作用是将模具各部分按要求装配和固定在相应位置，并将模具安装到压铸机上。

3. 导向零件

导向零件的作用是引导静模和动模合拢或分离，并保证各分合模的精度要求。

4.顶出机构

顶出机构是将铸件从模具中推出的机构，包括顶出和复位零件，还包括顶出机构自身的导向和定位零件。对于重要处和易损处（如浇道、浇口）的顶杆，应采取与成型零件相同的材料来制造。

5.浇注系统

浇注系统是型腔与压室或喷嘴相连的通道，引导金属液按规定的方向进入模具的型腔，且直接影响金属液进入成型部分的速度和压力，由直浇道、横浇道和内浇道组成。

6.排溢系统

排溢系统是指排气槽和溢流槽系统。排气槽是排除压室、浇道和型腔中气体的通道。溢流槽是储存冷金属液及涂料残余的小空腔，还具有调节模具温度的作用。有时可在难以排气的深腔部位设置通气塞，借以改善该处的排气条件。

7.抽芯机构

对某些铸件来说，当型芯抽出方向与开合模方

向不一致时，需要在模具上设抽芯机构。抽芯机构
是压铸模具中十分重要的结构单元，其形式多种
多样。

8.冷却和加热装置

为了保持模具温度场的分布符合工艺的需要，
模具内要设置冷却装置和加热装置，这对实现科学
地控制工艺参数和确保铸件质量尤其重要。具有良
好的冷却和加热装置的模具，其使用寿命可以大大
延长。

二、压铸模具的工作原理

压铸模具的工作原理是将压铸模具的静模固定
在压铸机压室一方的静模模座上，动模固定在压铸
机的动模模座上。动模随着动模模座移动，与静模
分开、合拢。静模和动模合模后，形成型腔。将熔
化的有色金属液通过高压注入闭合的型腔内，经过
保压、冷却、凝固后开模。动模部分随动模模座一
起运动，将分型面打开，铸件留在动模上。当分型

面打开到一定距离时，动模停止运动，在压铸机顶出机构的作用下，顶杆推动铸件，使其与型腔分离。铸件与模具脱离后，机械手取件，模具再一次闭合，进入下一个压铸循环。压铸模具动模部分如图1所示。

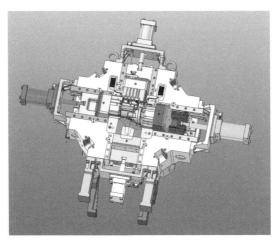

图1　压铸模具动模部分

第二讲

压铸模具制造中
复杂循环水孔的加工

一、在加工复杂循环水孔过程中出现的问题

在压铸生产和压铸模具制造完成后的调试过程中，经常会遇到压铸件出现冷隔、粘模、缩孔、成型不好等情况。造成这些现象的原因有很多，大家往往会想到一些影响零件成型的直接原因，但深入分析后得出的真正原因有时会被忽视。本书要介绍的是本人通过多年实践总结的造成出现这种情况的一个重要因素——压铸模具的温度场。

压铸模具的温度场对一套模具的成功与否起着至关重要的作用，是从模具设计、制造到生产都需要关注的重要因素，特别是对一些大型复杂压铸模具来说，温度场尤为重要。

压铸模具的温度场之所以在压铸件的生产中会成为一个至关重要的核心元素，是因为在压铸件的生产过程中，在700℃左右的有色金属（常见的为铝合金）液的高温、高压冲刷下，模具上能够接触到金属液的每一个部件的温度都会急剧上升。为了保证压铸模具所生产的压铸件从表面到内在质量都

能够达到相关的工艺技术要求，就要确保在生产每一个压铸件时，模具都处于稳定、一致的工况下，也就是说，要保证有一个稳定的温度环境，这就是前面提到的压铸模具的温度场。同时，温度场对模具的使用寿命也有很大的影响。

要保证模具在恶劣的生产环境下有一个稳定、一致的温度场，一是要合理设计和布局影响温度场形成的各种循环水路；二是要保证将这些循环水路制造到位；三是在使用过程中，要根据模具的不同部位、出现的不同温度进行合理调控。说起来容易做起来难。下文主要讲解其中的第二点，即如何将循环水路制造到位。

在加工循环水路中的水孔时，在模具粗加工阶段就遇到了加工难题。因为在衬模和滑块内部加工的水孔错综复杂，操作者在加工时不知道按照什么顺序、用什么方法来加工。工艺人员在这方面的加工经验有限，往往也是束手无策。

针对这种情况，本人根据多年积累的加工经

验，创新性地总结出一套复杂循环水孔的加工方法，形成了加工口诀，并制定了一套图文并茂、对现场加工有着较强指导意义的工艺流程卡，解决了这项加工难题。

二、解决复杂循环水孔加工问题的主要措施

1. 复杂循环水孔加工口诀

（1）平心静气稳心神，化整为零系统分。

面对错综复杂的水路及水孔（如下页图 2 所示），首先要调整心态，力争做到心静如水，不要让纷杂的表象影响自己的情绪。任何复杂的水路都是由多条单一水路组成，所以不要试图一口吃下一个馒头，要分解成单一水路逐条来看。

（2）相交多者应为先，角度变位多注意。

遇到多条水路相交的情况时，对于先加工哪条水路，要由水路相交次数来定。一般情况下，先加工相交次数多的水路。对于水路中有变位角的情况，特别是有双角度变位角的水路，要格外注意水

（a）水路及水孔示例 1

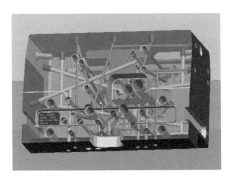

（b）水路及水孔示例 2

图 2　错综复杂的水路及水孔

路的起始点和毛坯的外表面是否有预留的加工余量，以免出现加工误差。多条水路相交及水路变位角如下页图 3 所示。

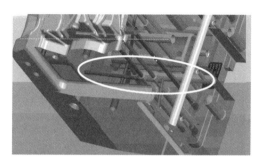

（a）多条水路相交

（b）水路变位角

图3　多条水路相交及水路变位角

（3）先长后短须遵守，首难次易要铭记。

对于长短水孔相交的水路（如下页图4所示），在没有特殊情况时，一般要先加工较长的水路，然后再加工较短的水路，以免相交时，长刀具出现振

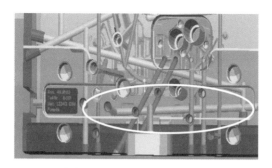

（a）长短水孔相交水路示例 1

（b）长短水孔相交水路示例 2

图 4 长短水孔相交水路

颤而损坏刀具。另外，在两条水路相交时，还要考虑的一个因素是水路的复杂程度。一般情况下，要先加工复杂一点的水路。

（4）锐角相贯难加工，莫怕麻烦先填充。

在加工锐角相贯的两条水路（如图5所示）时，极易出现钻头崩断的情况。为了避免这种情况发生，首先要确定好两条相贯水路的先后加工顺序。在加工完相贯水路中的第一个孔后，要将第一个孔与第二个孔相交处的局部进行封堵，然后对相交的第二个孔进行加工。这样可以确保第二个孔和第一个孔的相交部分是实体材料，从而避免由于单刃切削造成钻头被打断的情况发生。

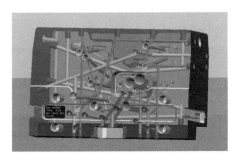

图5　锐角相贯水路

（5）堵孔看似易做到，谋划尺寸更重要。

上文中提到将两个孔相交处的局部封堵，这听起来好像很容易做到，但是做的时候一定要三思而后行，需将容易发生的问题考虑全面。首先要对封堵孔所需芯棒直径的公差进行设定，这决定了芯棒安装到孔内之后配合的松紧状态。如果安装过松，会导致加工过程中封堵的芯棒在孔内窜动或转动，造成刀具崩断；如果安装过紧，会出现加工后残余芯棒在孔内无法被取出的现象。因此，这个配合形式应为微量过盈配合，过盈量为 0.01mm（这也要根据孔径的大小有所调整），同时兼顾另一个重要环节，即芯棒的过盈配合部分并不是整根芯棒，而是在临近孔的最外端 10~20mm 的部分，这样更便于测量和安装，以及在加工完成后将残余料取出。待封堵水孔如下页图 6 所示。

（6）众相水孔最难缠，权衡利弊想周全。

一般在一个滑块上只有一组单一表象的孔是比较容易识别和加工的，但往往有些滑块上的孔是以多种表象同时存在的。例如，有多孔相交的情况，同时有锐角相贯的情况，有时还出现了变位角的特征。对这样的孔，就不能生搬硬套，要对所学知识

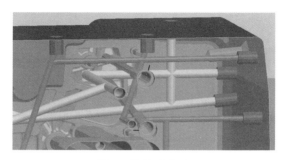

图 6   待封堵水孔

活学活用，进行系统分析后制定加工方案。形态各
异的水孔如图 7 所示。

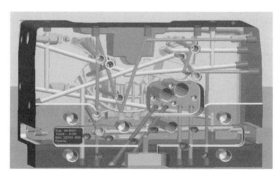

图 7   形态各异的水孔

（7）读懂参透语中意，千孔万难如儿戏。

对以上加工口诀所阐述的内容，仅从字面上理

解还不够，要根据每句话所表述的内容，结合生产中遇到的实际情况做到具体问题具体分析、具体问题具体解决，真正做到消化、理解、融会贯通，才能实现使用时随心所欲、挥洒自如的效果。

2. 制作水孔加工工艺流程卡

将此模具中需要加工的水孔滑块的三维图形找出，按照每个滑块上水孔的加工顺序，通过计算机在图形上尽可能地显示水孔的工艺特征并截图，然后根据循环水路的走向特征、交汇次数、粗细长短、倾斜角度、难易程度进行识别，选择最优的加工顺序及加工方法。给每个水孔逐一标注加工方案框，进行有针对性的标注（如下页图 8 所示），打破以往工艺卡千篇一律的只有文字描述的一贯做法，让操作者一目了然，充分发挥出工艺卡对现场操作的指导作用。

三、优化后的复杂循环水孔加工成效

通过此项创新，不仅解决了压铸模具中复杂循

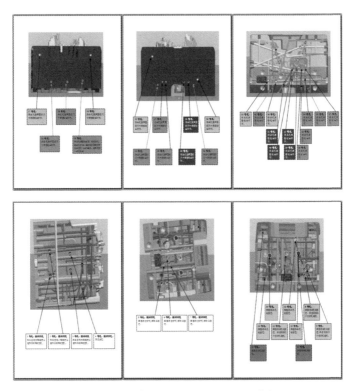

图 8　水孔滑块三维图上的加工方案框

环水路加工的难题，同时通过对员工进行系统培训，让更多人掌握了这项复杂循环水孔的加工方法，大大提高了生产效率。这项操作法也为模具行业加工此类型工件探索出了一条新路。

第三讲

压铸模具异形型芯加工变形控制方法

一、压铸模具异形型芯加工中出现的变形问题

在压铸模具制造过程中，经常会根据产品的需要，加工一些奇形怪状、形状各异的型芯，我们通常把这些型芯统称为异形型芯（如图9所示）。根据压铸零件的形状及工艺要求，这些异形型芯分布在模具的衬模和滑块的相应部位。由于这些异形型芯的形状不是方方正正、规规矩矩的，所以在加工时，要经过缜密的思考，将有可能发生的情况考虑全面，包括工艺留量、工艺装夹点、加工变形控制、合理编排加工顺序等。本章介绍的是在压铸模具异形型芯加工过程中遇到的加工变形问题的解决方法。

图9　异形型芯

先按照传统加工工艺来加工异形型芯。

（1）第一步：对异形型芯按照最大外围尺寸留有余量进行粗加工，加工成长方体形状。

（2）第二步：将坯料进行真空淬火热处理。

（3）第三步：将热处理后的长方体坯料按照外形尺寸进行磨削加工，磨削后的异形型芯如图10所示。

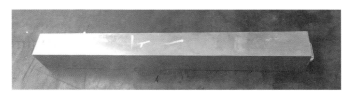

图10　磨削后的异形型芯

（4）第四步：按照异形型芯的外形尺寸，用数控铣床对其两个侧面进行加工。

（5）第五步：用线切割机床来加工剩余两个面的余量。

在这个过程中，加工到第四步中的第一个侧面和第五步中用线切割机床切割第一个面的余量时，都出现了型芯变形的情况（如图11所示）。这些变形会直接影响到第二个面的加工。这些问题经过多次实验还是无法解决，造成了很高的废品率损失，同时影响了整套模具的产出速度和备件的正常交付。

（a）变形示例 1

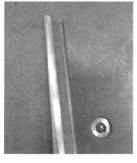

（b）变形示例 2　　　　（c）变形示例 3

图 11　异形型芯切割后变形

二、解决压铸模具异形型芯加工变形的方法

经过热处理后，坯料在精加工中出现了不同程度的变形：在完成数控铣床单面加工后，出现了不同程度的变形；变形从原来的线切割工序切割完单面余量后出现，发展到在线切割的上一道工序出现。根据以上情况，按照下列步骤解决。

（1）针对多个零件变形量不同的这个表象，与为此零件做热处理的厂家进行沟通，确认此批零件在真空淬火过程中有无工作细节上的变化点。经过咨询和协商后，将变化点消除。

（2）对异形型芯进行结构分析。此零件是细长形的，如下页图12所示，为了保证尾部台阶尺寸的加工余量，毛坯尺寸要按照台阶外围形状的最大尺寸预留，但这样在精加工中，容易产生由于去除较大余量导致的变形。如果在真空淬火之前就将较大的加工余量去除，虽然避免了因去除较大余量产生内部应力导致的工件变形，但容易在淬火后由于工件的形状不规则导致装夹困难。

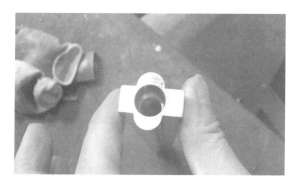

图 12　异形型芯形状

（3）要解决上述问题，就要做到既消除因为去除余量而产生的应力，又在消除应力后不影响工件的正常装夹。经过对异形型芯进行应力分析，进行第一次试制，将毛坯料两侧每间隔50mm处，进行切槽释放局部应力，如图13所示。经过加工检验后，发现还有变形现象。

图 13　异形型芯切槽

（4）经过对加工细节进行仔细研判，进一步修正了切槽的顺序：在毛坯料两侧每间隔50mm处进行切槽，一左一右对称地进行。切槽后，经过检测发现变形现象有所好转，但变形依然存在，如图14所示。

图14　异形型芯变形测量

（5）经过进一步分析后，将切槽顺序改为从头部到尾部依次进行，将成型的加工顺序也改为从头部到尾部依次进行。经过现场跟踪检测，最终解决了加工去除余量后产生的坯料变形问题。异形型芯加工检测如下页图15所示。

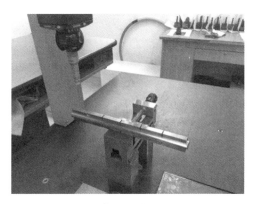

图 15　异形型芯加工检测

三、优化后的压铸模具异形型芯加工成效

（1）通过解决压铸模具异形型芯加工变形的问题，总结出了一套加工此类零件的加工方法，能有效控制由于去除余量而产生应力导致变形的情况。

（2）用此方法后，避免了由于变形造成的批量废品损失，经核算全年为企业节创价值 69 万余元（后期每年为企业创造的价值会根据企业年订单量有所浮动）。

（3）回顾整个问题的解决过程，充分体现了"细节决定成败"这句话的含义。

第四讲

压铸模具制造中分水器的
加工及安装

一、压铸模具分水器在加工中遇到的主要问题

分水器是压铸模具加热或冷却水路循环机构中很重要的一个部件。按照结构，它由分水片和锥管丝堵两部分组成，如图 16 所示。分水器的作用是通过将分水器安装在循环水路中某个无法直接加工形成循环的孔内，用分水片将此孔一分为二，确保循环水流有进有出，从而形成一个完整的闭环循环机构。

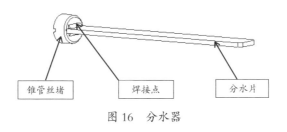

锥管丝堵   焊接点   分水片

图 16   分水器

多年来，在压铸模具生产过程中，分水器发挥了不可或缺的作用，特别是在一些突出成型部位的冷却上发挥了巨大作用，确保了模具在恒温下工作。通常，有局部温度控制的模具的使用寿命比没有局部温度控制的模具的使用寿命提高 20%~30%，

极端情况下甚至更高。分水器工作原理如图17
所示。

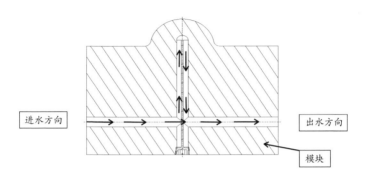

图 17　分水器工作原理

以前我厂用的分水器是从国外进口的，不需要
另行加工。后期为了降低外采成本，由我厂自行制
造和加工分水器。由于工艺及制造的各种原因，在
制造和安装分水器时，我们屡屡受挫，直接影响到
了模具的加工进度、装配质量及模具的使用寿命。

二、解决压铸模分水器加工困难的系列方法

根据上述情况，首先对分水器结构进行分析。

分水器是由锥管丝堵和分水片组成，我们采购的是标准锥管丝堵，用线切割机床加工分水片，然后将其焊接在一起。分水器焊接方位如图18所示。

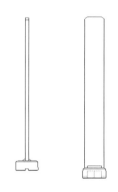

图18　分水器焊接方位

安装分水器时，先将分水器前端（分水片方向）放入孔内，然后靠分水片尾部焊接完成的锥管丝堵将分水器整体旋入、旋紧，分水片的宽度与水管孔直径的安装间隙只有0.02~0.04mm。要确保这个安装间隙，首先要保证分水片与锥管丝堵焊接时的相对同轴度在0.04mm以内。通俗地说，就是在焊接分水片与锥管丝堵时，两者的相对位置既不能位移，也不能倾斜。

1. 第一次改进

针对上述精度要求，如果用手扶分水片进行焊接，肯定无法保证焊接的位置精度，为此研制了一个分水器焊接夹具，进行了第一次改进。具体步骤如下。

（1）精加工焊接夹具的丝堵固定外套和分水片固定轴，确保固定外套的内孔和固定轴的外径为滑动间隙配合，配合间隙为 0.03~0.04mm（此间隙已考虑热膨胀后的膨胀量）。

（2）用线切割机床在分水片固定轴沿轴向切割一个长方形通槽，确保分水片安装在此槽内形成间隙配合，配合间隙为 0.02~0.03mm。

（3）在固定外套一端加工 NPT3/8 锥管螺纹，便于将待焊接的丝堵旋入固定。

（4）在固定外套中间部位用线切割机床加工一个开口，便于在此处进行焊接。焊接夹具组装如下页图 19 所示。

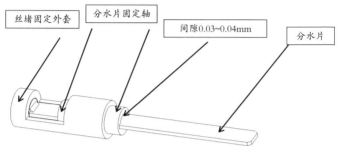

丝堵固定外套　　分水片固定轴　　间隙0.03~0.04mm　　分水片

图 19　焊接夹具组装

（5）此焊接夹具在分水器焊接结束后，要确保做到可拆卸、可重复使用。

第一次改进效果：用此焊接夹具制造的分水器，经安装验证，使用效果完全能够达到预期的技术要求。但随着我国制造业的飞速发展，压铸模具的发展趋势是模具越来越大、越来越复杂。压铸模具变大后，压铸模具上各个部件也随之增大。对于分水器来说，最大的变化是分水片的长度增长了很多，从原来最长的 200mm 增长到 800mm 左右。由此引发了一个问题：由于分水片过长，现在这个短小的焊接夹具（长 50mm）很难保证焊接后的垂直度，焊接时即使根部处只差 0.04mm，整体长度 800mm 的分水片与丝堵的垂直度就会差 0.64mm，这样的误差根本无法满足同轴度和垂直度在 0.04mm 以内的装配要求。同时，滑块上需要安装分水器的孔也有一定的加工误差，分水片（厚度 2.5~3mm）在制造的过程中也有一些微小的扭曲变形，就会导致后期的装配难上加难。

2. 第二次改进

针对以上结果，进行了第二次改进。

根据分水片过长的情况，设计制造了一个简易的焊接夹具。这个夹具易拆卸且简单实用。具体步骤如下。

（1）加工一个 800mm 的平板，平板平面度小于 0.02mm。

（2）制作一个 750mm 的芯棒，芯棒直线度和外径误差小于 0.02mm。

（3）按照分水器中分水片的长度来确定三个定位点。在第一个定位点处制作一个 NPT3/8 锥管螺纹的丝堵固定外套，用来固定丝堵；用其他两个定位点来固定分水片。这三个定位点的同轴度用芯棒调整。

第二次改进效果：用第二次改进的焊接夹具焊接的分水器，如图 20 所示，其在垂直度方面虽然有了一定的改善，但是由于压铸模具上的安装底孔是钻削加工而成的，导致孔的加工质量较差，有一定的加工误差。另外，由于分水片过长，其本身在加工过程中也会有一定的变形，这些因素导致焊接后的分水器能够顺利安装的只有 50%。

图 20　用第二次改进的焊接夹具焊接的分水器

3. 第三次改进

根据上述情况，进行了第三次改进。用逆向思维反推分水器应具备的使用功能和工作原理，突破了分水器固有模式的束缚，不再考虑如何保证分水器的焊接精度，而是发明了分水器新的柔性安装方法。所谓的柔性安装方法，就是将原来的丝堵和分水片焊接形成一体进行安装的分水器结构，改为分水片和丝堵分开安装，将原来一体的刚性安装改为分体的柔性安装，这样就不用考虑同轴度的问题，还大幅降低了制造成本。具体方案如下。

（1）加工分水片，分水片的宽度按照比分水片安装孔直径过盈 0.2mm 加工。根据分水片安装深度，加工分水片前端圆弧，以确保安装分水片后有足够的流量。圆弧的两个尖点作为分水片安装前端限位点，如下页图 21 所示。

（2）将分水片的宽度方向加工成双面刃口，如下页图 21 所示。刃口状态的微过盈量不会影响较长分水片的敲击安装。

图 21　柔性分水片

（3）根据分水片安装方向，将分水片以过盈状态敲入水孔（按图 22 所示粗箭头方向），剩余 3~4mm 用丝堵旋紧将其压入即可。

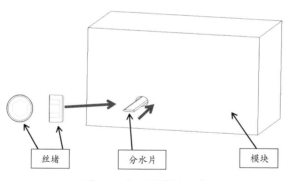

图 22　分水器柔性安装

（4）在丝堵上做好分水片的安装方向标志。

三、优化后的压铸模具分水器加工成效

将此种分水器安装方法和循环结构在多个大型复杂压铸模具上进行了应用。安装结束后，首先进行了打压试验，没有泄漏现象。在模具调试前，对模具加热循环进行了预热测试，用测温枪检测结果，显示模具各部分受热均匀，没有局部过冷或过热现象。后期又进行了冷却循环测试，结果亦符合要求。由此可知，改进后的模具实现了恒定的温度场，此安装方法形成的循环结构实验成功。

该项改进获得的经济价值及解决的问题如下。

（1）实现产品国产化，取代了进口产品，大幅降低了进口物资的采购成本。

（2）减少了一道焊接工序，节约了人工成本、焊接材料，降低了工时消耗，避免了焊接带来的质量问题。

（3）该操作法已被认定为分水器安装的标准操作法，在行业内得到推广。

这项改进带来的启示是此分水器的改进是一个

典型的持续改进过程：根据生产中出现的各种问题，进行不断的分析、改进，打破固有思维，开拓边界，从而将其改进深化，最终实现改进目标，即将复杂的问题简单化，将单人的操作技能变为多人可从事的工序。由此得出的另一个体会是：实现同样的效果，最简单的方案才是最佳的改进方案。

第五讲

压铸模具顶杆的
加工夹具制造

一、压铸模具顶杆在长度加工中遇到的问题

顶出机构是压铸模具中不可或缺的组成部分，顶杆（也称为推杆）作为顶出机构的核心部件之一，在每套压铸模具的使用过程中都发挥着至关重要的作用。顶杆如图 23 所示。

图 23　顶杆

当前我国压铸模具制造企业所使用的顶杆一般都是外购标准件。虽然都是外购顶杆，但每个模具企业选购顶杆标准件的需求有很大不同。在顶杆生产企业订购标准长度顶杆，如长度为 500mm、600mm、700mm 的顶杆，每根价格为 100 元。非标准长度顶杆，如长度为 511.12mm、611.56mm、711.56mm 的顶杆，每根价格为 200 元左右。也就是说，非标准长度顶杆的价格比标准长度顶杆的价格基本上贵一倍。每根顶杆的价格贵一倍，以一

汽压铸模具年产量对顶杆的消耗量来推算，相较于只采购标准长度顶杆，同时采购标准长度顶杆和非标准长度顶杆的资金全年多 60 万元以上。为了降低模具制造的整体成本，我们决定采购标准长度顶杆，然后按照设计设定的非标尺寸，由我厂自行精加工顶杆的长度。但在精加工这个看似不难的尺寸过程中，我们遇到了一系列问题。

（1）测量问题。需要加工的顶杆的长度精度为 0.02mm，顶杆的长度为 150~1200mm，在加工过程中，对较长的顶杆的测量成了很大的问题。测量时，既要求使用的量具达到测量精度，还要求量具的使用者有丰富的量具使用经验，才能确保测量的准确性。

（2）效率问题。按照正常工序加工，一般有三道工序：一是由钳工按照图纸进行挑选分类，画出粗加工线；二是按照钳工的画线结果进行线切割，留有精加工余量；三是由平磨工序按照图纸尺寸要求的精度进行精确加工。

在进行这三道工序的过程中，为了避免相近尺寸的顶杆在挑选过程中出现混淆，还要进行多轮验证。另外，在加工的各个环节中还需要逐一测量，导致生产效率比较低。

（3）安全问题。在平磨工序中，有两个不安全的因素：一是在加工长度的时候，要用砂轮的端面进行切靠加工，如果受力稍大，很容易出现砂轮崩碎的现象，对操作者来说极其危险。二是在加工较长的顶杆时，顶杆只有很少一部分在机床内部，还有很长一部分在机床外侧，并且是在悬空状态下随着机床工作台的运动而运动，稍有不慎就会对机床操作者造成很大的伤害。负责这道工序的员工接到这种零件加工任务时都打怵、推脱，每个班组只有一到两位老师傅提心吊胆地试探着干，这个加工工作也成了高危工序。

二、解决压铸模具顶杆长度加工困难的主要措施

根据顶杆加工的相关技术要求和在加工中出现的急需解决的一系列问题，设计制作了一套能够满足顶杆

加工各项技术要求的综合性加工夹具，具体情况如下。

1. 夹具的主体部分

夹具的主体部分是由主体安装块、限位调整块、后限位杆、前对刀块、锁紧螺钉等部分组合而成。设计分体组合式结构的目的是便于夹具的制造及后期的精度调整。夹具的主体部分如图24所示。

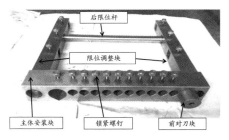

图 24　夹具的主体部分

2. 顶杆的加工定位

常言道："做事找标准，加工定基准。"在加工顶杆长度尺寸时，首先要明确加工的定位基准。根据加工顶杆的长度，对此夹具的定位基准设定了三个调整挡位，然后将顶杆的后端面靠紧后限位杆，确保设定的加工基准与设计基准重合，避免由于基准转换带来的定位积累误差。顶杆装夹如图 25 所示。

图 25　顶杆装夹

3. 顶杆的装夹方式

顶杆的装夹方式采用鸡心式结构，如图 26 所示。采用这种装夹方式，只要操作者将顶杆放入清理干净的孔内，将鸡心孔上方的紧固螺钉拧紧，便可以轻而易举地限制顶杆的六个自由度。同时随着螺钉的紧固，顶杆会自动找正顶杆端面与轴线的垂直度。

图 26　鸡心装夹设置

4. 可调式定位基准

根据市场上压铸模具使用顶杆的长度范围和精加工顶杆所用线切割机床的最大加工极限，我们设定了三挡可调式定位基准，如图27所示。它可以最大限度地弥补设备加工范围的不足和企业设备上的先天缺陷，还能根据顶杆的不同长度进行灵活调整。

图 27　可调式定位基准

5. 方形基准柱安装孔

有三种可供选择的基准柱安装孔：一是圆形安装孔；二是方形安装孔；三是异形安装孔。经过多方论证及优劣势对比，最终采用方形基准柱安装孔，如图28所示。正方形边长大于基准柱直径1mm，同时要保证正方形安装孔的两个定位边的加工精度在 ±0.005mm 以内。另外，要在安装孔的

40° 角方向加装紧固螺钉，其目的是减轻操作者的工作难度。只要操作者将上方的紧固螺钉拧紧，即可保证基准柱安装准确、到位，从根本上也避免了由于操作者的水平差异在调整基准柱时产生的误差。

图 28　方形基准柱安装孔

6.顶杆加工精度测量

根据前期顶杆加工中测量难度大的问题，对此夹具上的几组标准尺寸进行了设定。此后，无论是什么尺寸的顶杆，只需做到对首件加工后的顶杆进行三坐标检测，对产生的误差值进行微量补偿，就能实现在后续加工中，无论加工多少尺寸各异的顶杆都不需要进行交检认证，便可达到顶杆的相关精度要求，免去了后续所有顶杆的烦琐测量工序，消除了使用大型量具带来的测量误差。

7. 顶杆尾部找正机构

在压铸模具上使用的众多顶杆中，有一种顶杆头部带有成型形状，同时在顶杆尾部有一个与其呼应的、有一定位置关系的定位面。要加工顶杆头部的成型部位，首先要对顶杆尾部的定位面进行找正。以往的找正方法是，在加工装夹时，用直角尺依托设备工作台面找正其垂直度，局限性很大，而且效率很低。在设计此夹具时，考虑到以往的找正难度，便在夹具的后限位杆上安装了一个与其高精度间隙配合（配合间隙为 0.015mm）的找正套，如图 29 所示。此后，安装顶杆时，只需要进行简单顶

图 29　找正套

靠，即可保证顶杆尾部和头部之间精确的位置关系，也不用借助其他辅助设施，大幅提升了工作效率。

8.可调式鸡心安装孔

为了扩大顶杆在直径方面的加工范围，提高顶杆加工夹具的利用率，设计了大小不同的鸡心安装孔和可调式安装机构。可调式安装机构就是根据所加工顶杆的粗细不同，制作大小不同的微型鸡心垫片，根据加工需要，在较大的鸡心安装孔内进行更换调整，确保能够顺利加工不同粗细的顶杆。

9.可更换式对刀基准块

此夹具在使用过程中，要将夹具拉直、找正，紧固在线切割机床上，再将待加工的顶杆安装在夹具的安装孔内。在加工前，有一个非常重要的对刀环节。在这个环节中，需要用钼丝在夹具的基准部位进行对刀，但每次对刀时，钼丝都会在夹具上留下一个痕迹。长此以往，此夹具就会丧失精度。针对这个情况，在夹具前端设计了一个高精度的、可更换式的对刀基准块，如下页图30所示。如果这个对刀基准块经过一段时间的使用受到了损坏，也可以通过修磨恢复精度，有效地保护了夹具本体不受磨损。

图 30　对刀基准块

10. 多个鸡心安装孔

为了提高顶杆的加工效率，在夹具的主体安装块设置了多个鸡心安装孔，这样可以一次性装夹多个顶杆，如图 31 所示，实现顶杆批量加工，同时减少单件顶杆在加工中的拉直、找正时间，提高加工效率。

图 31　多根顶杆装夹

三、优化后的压铸模具顶杆加工成效

通过设计、制造这个顶杆加工夹具，开创了一个新的加工方法（已经获国家专利授权）。主要解决的问题如下。

（1）将原来的三道工序减为一道工序。

（2）降低了由于量具自身误差和操作者的测量误差造成的质量风险和废品损失。

（3）避免了平磨工序在加工顶杆过程中的安全风险和隐患。

此夹具应用在线切割机床上，对淬火后硬度达到 60HRC 左右、长度为 150~1200mm 的顶杆，都能进行较高精度（公差为 0.02mm）的加工，具有很高的推广价值，适用于各种轴类零件在长度方向进行精密加工时的装夹定位。它还解决了机床加工超程的问题，提高了加工精度和效率，消灭了质量缺陷，消除了安全隐患等。

第六讲

压铸模具装配中异形模块的
吊装方法

一、压铸模具装配中吊装异形模块遇到的问题

在压铸模具的制造过程中，会有一系列研配和组装的工作。在这个过程中，经常会用起重天车对模具部件进行吊装。在吊装过程中，有很多确保起吊安全顺利完成的必要条件和要素，包括起吊吊具的选用、起吊点的设定、起吊方法的选择等。通过对上述要素合理的选择，最终形成了一个科学合理、牢固可靠的模块吊装方案。

在起吊过程中，大多数模块按照常规吊装方案就能达到预期起吊效果，但也有特殊情况，就是对一些异形模块的吊装。所谓异形模块，是外部有几个维度形状怪异的不规则模块。由于模块上有些起吊的合理位置位于成形表面或内部有部分循环水路通过的地方，无法加装起重孔，就造成了这些异形模块无法按常规吊装方案完成吊装。

针对这种情况，有的企业甚至在模具合理的起吊位置焊接起吊点，但这样的做法只能满足一时的需求，从长远来看，会对模具的使用寿命造成很大

影响；从安全角度来看，在冲击力的作用下也有很大的安全隐患，模具很容易脱落，造成不可预估的各类风险。

二、解决压铸模具装配中吊装异形模块困难的措施

根据上述情况，首先对压铸模具中需要研配的各种异形模块进行了系统的汇总、梳理，根据它们的工作性质、工作特点及研配要求进行了具体分析。在压铸模具的制造过程中，根据模具的工作使用要求，要保证模具的每个封铝面都研配贴合、着色率要达到98%以上。另外，模具中的滑块在工作中既要实现滑动的功能，又要起到封铝的作用，所以滑块与衬模研配的着色率尤为重要。

每套滑块的滑动机构都是由滑块头和滑块座组成。滑块座的主要作用是进行滑动导向、定位、合模锁紧等，滑块头的主要作用是让零件成型和封铝。滑块头要想达到封铝的效果，必须使与其配合的其他部分的研配着色率达到98%以上。由于压铸

模具所生产的产品各异，滑块头的形状也有很大差异。对于形状规则的滑块头，在吊装研配过程中比较容易掌控；但对于那些形状不规则的滑块头，无论是在起吊还是研配上，都有很大的难度。因此，设置一个位置合理的起重孔尤为重要。为了保证模具在使用中处于恒温状态，滑块头内部设置了众多错综复杂的冷却水路。如果起重孔的合理位置与滑块内部设置的众多冷却水路重合，就无法在配合面合适的位置加工起重孔，导致滑块头的起吊成为难题，也成为滑块研配工作中首要解决的问题。衬模和滑块头研配如图 32 所示。

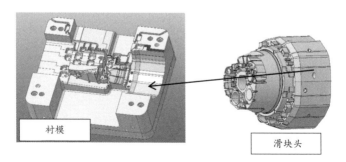

衬模

滑块头

图 32　衬模和滑块头研配

　　根据上述情况，经过对各种异形滑块机构的结构特点及研配要求进行分析，发现很多滑块存在无法在重心点上加工起重孔的情况。根据力学的杠杆原理，摸索出了一个适应于多种形式的重心调整法。

　　（1）制作一套起吊装置（如图33所示），装置包括起吊杆、连接板、连接螺钉等。起吊杆和连接板选用H13钢材质，经热处理后使之实现硬度为42~46HRC；连接板与起吊杆安装配合关系为过盈配合，配合后用螺母紧固；在连接板表面进行滚花加工，以增加吊绳与起吊杆的摩擦力。

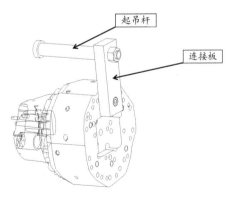

图33　起吊装置

（2）利用滑块后端面的螺纹安装孔，将这个起吊装置用螺钉固定在滑动头的尾部，根据滑块头的研配需要 180° 地调整各种研配面角度，并在水平方向上微调滑块头的起吊点位置。起吊应选用吊绳或者吊带，用自锁式绳扣以保证越吊越紧，不会窜动。

三、优化后的压铸模具装配中异形模块吊装成效

通过生产实践验证，此项发明获批国家专利，由此也探索出一种新的吊装方法，在同类产品中得到了广泛的推广和使用。这种将传统单一的起吊方式拓展为可变化、可调整的灵活、安全的新模式，为大家后续的创新工作提供了一个新的思路。

后　记

　　创新是一个国家发展的永恒主题，是国家不断进步的不竭动力。创新能力是民族复兴的灵魂，失去创新能力的民族将失去未来。随着全球科学技术水平的快速发展，世界范围内的高新技术大幅增加。中国作为后起之秀也紧跟上了世界的步伐，但在一些高新技术方面，我们仍与先进国家存在较大差距，呈现一种大而不强的局面，经常会在关键技术上受到西方国家的制约，所以加速提升我们国家的创新能力对国家未来发展至关重要。

　　我作为一名在新中国民族汽车工业摇篮中成长起来的大国工匠，在几十年的工作经历中，更加充分地认识到创新是经济社会竞争的核心要素。当今社会的竞争，与其说是人才的竞争，不如说是人的创造力的竞争。因此，多年来，我以劳模创新工作室为载体，秉承着"创新永无止境"的理念，将创新作为日常工作的一种习惯，引导身边的技术工人用新方法、新工艺、新思想解决了诸多企业生产中的疑难问题。在自己用精湛的技艺和优秀的创新成果为企业赢得更大的市场、创造更多价值的同时，这些破解燃眉之急的过程也对我自己创新能力和综合素养的提升起到了很大的助推作用。

　　上述向各位朋友介绍的是我在实践工作中的点滴创新体会和工作心得，我还有很多不足之处需要进一步完善，诚恳地希望各界精英、专家多提出宝贵意见。

2023 年 3 月

图书在版编目（CIP）数据

李凯军工作法：压铸模具制造 / 李凯军著. —北京：中国工人出版社，2023.7
ISBN 978-7-5008-8106-3

Ⅰ.①李… Ⅱ.①李… Ⅲ.①压铸模－制造 Ⅳ.①TG760.6

中国国家版本馆CIP数据核字（2023）第122466号

李凯军工作法：压铸模具制造

出 版 人	董　宽	
责 任 编 辑	习艳群	
责 任 校 对	张　彦	
责 任 印 制	栾征宇	
出 版 发 行	中国工人出版社	
地　　　址	北京市东城区鼓楼外大街45号　邮编：100120	
网　　　址	http://www.wp-china.com	
电　　　话	（010）62005043（总编室）	
	（010）62005039（印制管理中心）	
	（010）62046408（职工教育分社）	
发 行 热 线	（010）82029051　62383056	
经　　　销	各地书店	
印　　　刷	北京美图印务有限公司	
开　　　本	787毫米×1092毫米　1/32	
印　　　张	2.5	
字　　　数	35千字	
版　　　次	2023年8月第1版　2023年8月第1次印刷	
定　　　价	28.00元